全国职业院校烹饪专业教材

烹饪原料知识习题册

周宏　主编

中国劳动社会保障出版社

简 介

本书为全国职业院校烹饪专业教材《烹饪原料知识》的配套习题册。本书题型设计多样，包括名词解释、填空题、单项选择题、多项选择题、判断题、简答题、实训题等，力求充分体现教材的重点和难点，反映实际工作中将接触的具体问题，使学生能够掌握有关知识和原理，并具有解决实际问题的能力。

本书由周宏任主编，陈坤浩、李海涛参与编写。

图书在版编目（CIP）数据

烹饪原料知识习题册 / 周宏主编. -- 北京：中国劳动社会保障出版社，2021

全国职业院校烹饪专业教材

ISBN 978-7-5167-5125-1

Ⅰ.①烹… Ⅱ.①周… Ⅲ.①烹饪 - 原料 - 中等专业学校 - 习题集 Ⅳ.①TS972.111-44

中国版本图书馆 CIP 数据核字（2021）第 249659 号

中国劳动社会保障出版社出版发行

（北京市惠新东街 1 号 邮政编码：100029）

*

涿州市星河印刷有限公司印刷装订 新华书店经销

787 毫米 × 1092 毫米 16 开本 3.25 印张 59 千字

2021 年 12 月第 1 版 2025 年 8 月第 6 次印刷

定价：7.00 元

营销中心电话：400-606-6496

出版社网址：http://www.class.com.cn

http://jg.class.com.cn

目　录

绪　　论

一、名词解释

1. 烹饪原料

2. 感官鉴定

3. 理化鉴定

二、填空题

1. 烹饪原料本身所具备的结构形态、__________、________、质地等，与原料的品种、________、__________及时间等因素有关。

2. 烹饪原料必须具备的三要素是____________、____________以及良好的口味和________。

3. 学习烹饪原料，首先要知道烹饪原料的名称，掌握原料的________、________、性质特点、____________、____________、原料分类、储存保鲜方法、营养成分等方面的知识。

4. 烹饪原料的特点指烹饪原料的__________、__________、组织结构、__________、口味和质地等。

5. 影响菜点质量的主要因素有__________、__________两个方面。

6. 感官鉴定可分为视觉感官鉴定、______________、听觉感官鉴定、___________

和＿＿＿＿＿五种方法。

7. 烹饪原料中所含的主要营养成分有蛋白质、＿＿＿＿、＿＿＿＿、维生素、＿＿＿＿、水六大营养素。

8. 研究烹饪原料的用途，就是寻求与原料性质相适应的＿＿＿＿＿。

9. 常用的烹饪原料分类方法包括按来源分类、按＿＿＿＿分类、按＿＿＿＿分类、按＿＿＿＿分类。

三、多项选择题

1. 烹饪原料品质鉴定的基本方法有（　　）。

A. 理化鉴定　　B. 品尝鉴定　　C. 感官鉴定　　D. 单据鉴定

2. 烹饪原料根据来源不同可分为（　　）。

A. 植物性原料　　B. 动物性原料

C. 矿物性原料　　D. 人工合成原料

3. 烹饪原料根据加工与否可分为（　　）。

A. 鲜活原料　　B. 干货原料

C. 原味原料　　D. 复制品原料

4. 烹饪原料根据烹饪用途不同可分为（　　）。

A. 主料　　B. 配料　　C. 香料　　D. 调料

5. 研究烹饪原料中的营养成分是为了（　　）的需要。

A. 合理营养　　B. 烹饪美食

C. 合理烹饪　　D. 平衡膳食

四、判断题

1. 可以通过嗅觉感官鉴定和视觉感官鉴定来鉴定西瓜品质的好坏。（　　）

2. 所有可食用原料都是烹饪原料。（　　）

3. 感官鉴定是最常用和最简便的鉴定方法。（　　）

4. 学习烹饪原料主要是为了区分原料的优劣。（　　）

5. 原料价格越高，营养价值就越高，质量就越好。（　　）

6. 鉴定芝麻油质量应采用视觉感官鉴定的方法。（　　）

7. 烹饪原料产季是指其在自然环境中的最佳出产季节。（　　）

8. 最常用的烹饪原料储存方法是活养。（　　）

9. 在烹饪中，鲜活原料应现买现用。（　　）

10. 有些原料需要配合使用多种鉴定方法来鉴定其优劣。（　　）

五、简答题

1. 烹饪原料的分类方法有哪几种？分别举例说明。

2. 为什么要学习、研究烹饪原料的分类？

3. 烹饪原料品质鉴定的依据和标准是什么？

4. 烹饪原料品质鉴定的基本方法有哪些？

5. 说出五种常用的烹饪原料储存方法，并各举出三种适用原料。

6. 烹饪原料按来源不同可分为哪几类？分别举例说明。

7. 研究烹饪原料营养成分的目的是什么？

第一章　粮食类原料

一、名词解释

1. 谷类粮食

2. 米粉

3. 薯类粮食

4. 大米

5. 面筋

6. 年糕

7. 面包渣

二、填空题

1. 麦类包括________、________、________和燕麦四种。

2. 常用大米分为________、________和________三种。

3. 面粉根据加工精度和用途不同，可分为________粉和________粉。

4. 含糖量高的常见豆类有绿豆、________、________、________等。

5. 优质大豆粒大饱满，无________、________。

6. 甘薯主要以肥大的根块供食用，其________和______还可以作为蔬菜。

7. 我国的小麦主要在长江流域、__________流域和__________流域种植，其中以___________为主要产区。

8. 粉丝多以________粮食或________粮食等所含的淀粉为原料。

9. 糯米按品种不同可分为__________和__________。

10. 除荞麦外，谷类粮食的结构基本相似，都是由谷皮、________和________三个主要部分组成，其中________含量最多。

11. 谷物因种类、__________、__________和__________等不同，其营养素含量有很大差别。

12. 面粉按等级不同分为__________、__________和__________。

13. 小麦按皮色不同分为__________和__________两种。

14. 大豆按种皮颜色不同有________、________和________之分。

15. 特制粉又叫__________，是一种加工精度较高的面粉。它颜色________，颗粒细小，含麸量少，灰分也很少，适合制作________。

16. 优质面筋干净，________含量高，无________。

17. 常见谷类制品有________、________、________、________和面粉等。

18. 根据制作豆腐时所用的凝固剂不同，可将豆腐分为__________、__________、___________。

19. 米粉分为__________和__________两类。

20. 优质大米粒形________、________，干燥，有________。

21. 优质面粉色______，______少，____________高，含水量少，新鲜度高，无腐败味、______味、______味。

22. 储存小米时应注意防______、防______。

23. 民间有“麦吃______，米吃______”的说法。

三、单项选择题

1. 我国人民最基本的主食是（　　）粮食。
A. 谷类　B. 豆类　C. 薯类　D. 根菜类

2. 米粉适宜采用（　　）储存法。
A. 低温　B. 冷藏　C. 气调　D. 地窖

3. 木薯主要生长在（　　）地区。
A. 亚热带　B. 热带　C. 温带　D. 寒带

4. 下列选项中，不需要用温水浸泡后再烹制的是（　　）。
A. 粉丝　B. 粉皮　C. 腐竹　D. 豆芽

5. 大豆鲜嫩时可作蔬菜，也称（　　）。
A. 干豆　B. 毛豆　C. 青豆　D. 胡豆

6. 下列选项中，（　　）不属于含糖量高，含中等水平蛋白质和少量脂肪的豆类。
A. 大豆　B. 绿豆　C. 豌豆　D. 扁豆

7. 下列选项中，可用于生产啤酒和麦芽糖的是（　　）。
A. 小麦　B. 大麦　C. 荞麦　D. 高粱

8. 西米的主要成分是（　　）。
A. 面粉　B. 澄粉　C. 淀粉　D. 豆粉

9. 颜色蜡白，米中腹白面积小，多呈透明或半透明状的大米是（　　）。
A. 籼米　B. 粳米　C. 糯米　D. 西米

10. 甘薯的产季是（　　）。
A. 春季　B. 夏季　C. 秋季　D. 冬季

11. 米质较疏松，硬度小，加工时易破碎，吃水率高，出饭率高的大米是（　　）。
A. 糯米　B. 粳米　C. 香米　D. 籼米

12. 下列选项中，面筋含量最高的是（　　）。
A. 弱力粉　B. 标准粉　C. 普通粉　D. 特制粉

13. 下列选项中，适合用来制作蛋糕的是（　　）。
A. 特制粉　B. 标准粉　C. 普通粉　D. 富强粉

14. 下列选项中，味甘，性凉，有清热解毒、利水消肿、消暑止渴功效的是（　　）。
A. 小米　B. 红小豆　C. 绿豆　D. 大豆

15. 我国的大米以（　　）产量为最多，四川、湖南、广东等地为主产区。

A. 糯米　　B. 粳米　　C. 香米　　D. 籼米

16. 下列选项中，呈白色，不透明，所含淀粉全是支链淀粉的是（　　）。

A. 糯米　　B. 粳米　　C. 香米　　D. 籼米

17. 下列选项中，适合制作中式面点的是（　　）。

A. 弱力粉　　B. 标准粉　　C. 普通粉　　D. 富强粉

18. 下列选项中，常用来制作豆沙馅的是（　　）。

A. 蚕豆　　B. 赤豆　　C. 豌豆　　D. 大豆

19. 烤麸是（　　）的制品。

A. 豆腐　　B. 面粉　　C. 面筋　　D. 腐乳白坯

20. 黏性最小、膨胀性最好的大米是（　　）。

A. 籼米　　B. 糯米　　C. 粳米　　D. 珍珠米

21. 下列选项中，蛋白质含量最高的是（　　）。

A. 腐竹　　B. 黄豆　　C. 花生油　　D. 小麦

22. 我国小麦的主要产区是（　　）。

A. 长江流域　　B. 黄河流域　　C. 淮河流域　　D. 华北平原

四、多项选择题

1. 木薯按风味特点不同，可分为（　　）。

A. 酸木薯　　B. 甜木薯　　C. 苦木薯　　D. 咸木薯

2. 蚕豆的别名是（　　）。

A. 胡豆　　B. 罗汉果　　C. 佛豆　　D. 毛豆

3. 下列选项中，适宜使用气调储存法进行储存的是（　　）。

A. 小麦　　B. 面粉　　C. 面筋　　D. 澄粉

4. 绿豆种皮颜色主要有（　　）三种。

A. 青绿　　B. 黄绿　　C. 黑绿　　D. 红绿

五、判断题

1. 西米用冷水泡发后不能用力搓洗。（　　）

2. 春小麦优于冬小麦，白小麦优于红小麦。（　　）

3. 玉米发霉后会产生致癌物，绝对不能食用。（　　）

4. 未煮烂的绿豆豆腥味重，人食用后易恶心、呕吐。（　　）

5. 玉米、甘薯、蚕豆都是可以生食的粮食类原料。（　　）

6. 米线的储存方法是冷藏储存法和气调储存法。 ( )

7. 粳米比糯米更适合酿制米酒。 ( )

8. 面粉按等级不同可分为富强粉、特制粉和标准粉。 ( )

9. 高粱按颜色不同可分为白高粱、黑高粱、黄高粱、红高粱等品种，其中白高粱的品质最好。 ( )

10. 粳米可用于制作米粉。 ( )

11. 意大利面筋力小，不耐煮，煮时易糊汤。 ( )

12. 翻炒豆腐时用力要轻，以免碎烂。 ( )

13. 大麦一般压成麦片后食用。 ( )

六、简答题

1. 怎样鉴定大米、面粉的品质?

2. 常用的豆制品有哪些?

3. 南豆腐、北豆腐的烹饪用途各有哪些?

4. 玉米分为哪些类型?

5. 面粉根据加工精度和用途不同可分为哪些等级？它们各有什么特点？

6. 甘薯和木薯在哪种情况下食用易中毒？在烹调中应如何处理？

7. 粮食类原料的储存方法主要有哪几种？

8. 黄豆芽和绿豆芽各自有什么特征？

9. 大米按粒形和粒质可分为哪三类？它们各自有什么特征？

七、实训题

实地考察农贸市场，了解粮食类原料的分类并写出调查报告。

第二章　蔬菜类原料

一、名词解释

1. 蔬菜类原料

2. 花菜类蔬菜

3. 叶菜类蔬菜

4. 根菜类蔬菜

5. 茎菜类蔬菜

6. 食用菌类蔬菜

7. 果菜类蔬菜

二、填空题

1. 根菜类蔬菜按其肉质根形状不同，可分为__________类蔬菜和__________类蔬菜。

2. 萝卜因品种不同一年四季都可出产，其中______季产量最大且质佳。

3. 胡萝卜素是__________物质，应用油炒熟或与________一起炖煮后食用，以利吸收。

4. 蔬菜按照食用部位不同可分为根菜类蔬菜、__________类蔬菜、叶菜类蔬菜、__________类蔬菜、__________类蔬菜和__________类蔬菜六大类。

5. 萝卜适合采用________储存法、________储存法、________储存法储存。

6. __________又称大头菜，其腌制品是四川四大腌菜之一。

7. 玉兰片鲜品按采收时间不同分为________、冬片、________和________四种。

8. 莴笋一年四季均产，以________时节所产为最佳。

9. 食用鲜竹笋时应先焯水或作焐油处理，以除去其中大量的________。

10. 姜根据生长期不同分为老姜和嫩姜。老姜质老，________味浓；嫩姜又叫________，________与________兼具，质地脆嫩。

11. 大白菜全国各地均有栽种，以________、________所产为佳。

12. 菜心又称________，属地上________类蔬菜。

13. 芋烹调时一定要烹熟，以免其中的________刺激咽喉，导致不适。

14. 洋葱又称________、元葱、________，属地下________类蔬菜。

15. 紫菜头又称__________、__________、__________等，属块根类蔬菜。

16. 豌豆尖又称__________，为叶用豌豆的________或________。

17. ________、法国酸黄瓜、德国甜酸甘蓝并称世界三大名腌菜。

18. 芽菜有______、______两种风味。

19. 四川的红油黄丝用____________制作而成。

三、单项选择题

1. 下列选项中，属于叶菜类蔬菜的是（　　）。

A. 山药　　B. 莴笋　　C. 大葱　　D. 菜心

2. 下列选项中，不能生食的是（　　）。

A. 黄瓜　　B. 萝卜　　C. 莴笋　　D. 魔芋

3. 下列选项中，全部属于茎菜类蔬菜的是（　　）。

A. 姜、藕、土豆、胡萝卜　　B. 姜、慈姑、竹笋、大白菜

C. 竹笋、芦笋、土豆、胡萝卜　　D. 姜、藕、土豆、慈姑

4. 地瓜又称（　　）。

A. 土豆　　B. 红薯　　C. 豆薯　　D. 倭瓜

5. 下列蔬菜中，不含草酸的是（　　）。

A. 竹笋　　B. 黄花菜　　C. 菠菜　　D. 茭白

6. 下列选项中，不属于叶菜类蔬菜的是（　　）。

A. 大白菜　　B. 菜心　　C. 冬寒菜　　D. 芹菜

7. 若要减轻苦瓜的苦味，食用前可将其切开并稍加（　　）腌制。

A. 盐　　B. 糖　　C. 醋　　D. 料酒

8. 生姜属于（　　）类蔬菜。

A. 直根　　B. 块茎　　C. 薯芋　　D. 根茎

9. 竹笋以（　　）季出产的为最好。

A. 夏　　B. 秋　　C. 冬　　D. 春

10. 莼菜以（　　）季出产的为佳。

A. 夏　　B. 秋　　C. 冬　　D. 春

11. 苋菜以（　　）季出产的为佳。

A. 夏　　B. 秋　　C. 冬　　D. 春

12. 下列选项中，属于根菜类蔬菜的是（　　）。

A. 洋葱　　B. 土豆　　C. 胡萝卜　　D. 大蒜

13. 下列选项中，属于地下块茎类蔬菜的是（　　）。

A. 莴笋　　B. 土豆　　C. 荸荠　　D. 苤蓝

14. 下列选项中，属于瓜菜类蔬菜的是（　　）。

A. 洋葱　　B. 蕹菜　　C. 冬瓜　　D. 花椰菜

15. 土豆中相对含量较多的营养物质是（　　）。

A. 维生素　　B. 矿物质　　C. 蛋白质　　D. 糖类

16. 下列选项中，含有毒物质的是（　　）。

A. 萝卜　　B. 鲜黄花菜　　C. 大白菜　　D. 芹菜

17. 软浆叶的别名是（　　）。

A. 茼蒿　　B. 木耳菜　　C. 赤根菜　　D. 空心菜

18. 蕹菜的别名是（　　）。

A. 茼蒿　　B. 木耳菜　　C. 赤根菜　　D. 空心菜

19. 下列选项中，含有较多草酸的是（　　）。

A. 西红柿　　B. 莲藕　　C. 草石蚕　　D. 菠菜

20. 发芽的土豆含有（　　），最好不要食用，以防中毒。

A. 龙葵素　　B. 氢氰酸　　C. 组胺　　D. 秋水鲜碱

21. 油菜薹茎粗壮，表面光滑，呈（　　）。

A. 紫色或青色　　B. 红色或白色

C. 绿色或白色　　D. 紫红色或红色

22. 肉呈（　　）色的茭白，质地细嫩，口味最佳。

A. 淡绿　　B. 淡黄　　C. 洁白　　D. 暗青

23. 下列各组蔬菜中，全部以根为食用对象的是（　　）。

A. 萝卜、土豆　　B. 胡萝卜、藕

C. 萝卜、胡萝卜　　D. 藕、荸荠

四、多项选择题

1. 下列选项中，属于茎菜类蔬菜的是（　　）。

A. 山药　　B. 莴笋　　C. 大葱　　D. 萝卜

2. 下列选项中，既属于粮食，又属于蔬菜的是（　　）。

A. 山药　　B. 甘薯　　C. 土豆　　D. 玉米

3. 下列菌菇中，子实体呈伞状的是（　　）。

A. 鸡腿蘑　　B. 猴头菌　　C. 口蘑　　D. 香菇

4. 下列选项中，适宜用气调储存法储存的是（　　）。

A. 南瓜　　B. 茴香　　C. 苦瓜　　D. 洋葱

5. 下列选项中，全国各地均有栽种的是（　　）。

A. 胡萝卜　　B. 茎芥菜　　C. 苤蓝　　D. 芋头

6. 下列选项中，可作为调味品的茎菜类蔬菜是（　　）。

A. 姜　　B. 大蒜　　C. 洋葱　　D. 藠头

7. 下列选项中，属于果菜类蔬菜的是（　　）。

A. 马蹄　　B. 辣椒　　C. 四季豆　　D. 番茄

8. 荠菜又称（　　）。

A. 护生草　　B. 鸡心菜　　C. 烟盒草　　D. 蒿子秆儿

五、判断题

1. 四季豆要彻底烹至熟透，才能破坏其有毒成分，避免中毒。 ( )

2. 泡发干香菇时要多换几次水，以便彻底洗净。 ( )

3. 大白菜的储存方法有低温储存法、气调储存法、地窖储存法三种。 ( )

4. 藕的地下根茎呈节状，多有 4 ~ 5 节，其中 2 ~ 3 节的质量最佳。 ( )

5. 芋中含有黏液，能刺激皮肤发痒，因此烹制前要用盐进行腌制。 ( )

6. 胡萝卜为补，萝卜为泻，二者同食时应加醋以调和。 ( )

7. 大蒜所含的辣椒素怕热，遇热后会很快分解。 ( )

8. 椿芽是香椿树的嫩芽。 ( )

9. 食用新鲜的黄花菜时要将其煮透，或烹调前用热水浸泡数小时，因为其含有草酸。 ( )

10. 黄瓜尾部含有较多的苦味素，要把黄瓜头全部丢掉。 ( )

11. 大部分膳食纤维丰富的蔬菜或水果都可以用于制作泡菜。 ( )

12. 霉变的酸菜把霉点去掉还可以食用。 ( )

13. 腌雪里蕻含盐量大，高血压患者可以适量食用。 ( )

14. 可以用粘油的筷子取泡子姜。 ( )

六、简答题

1. 蔬菜在烹饪中主要有哪些用途?

2. 蔬菜按食用部位不同可分为哪几类? 每类的代表品种各列举 3 种。

3. 优质香菇的特点是什么?

4. 如何做好蔬菜的储存工作?

5. 烹制藕时应注意什么？若制作凉菜应选择哪种藕?

6. 姜按生长期不同可分为哪两种？它们在烹饪中各如何使用?

7. 香辛叶菜在烹饪应用中有什么共同的特点?

七、实训题

走访农贸市场，调查在烹饪中可以代替粮食作为主食的蔬菜。

第三章　果品类原料

一、名词解释

1. 鲜果

2. 果干

3. 果仁

4. 糖制果品

5. 橘饼

二、填空题

1. 果品是鲜果、________、________、____________等原料的总称。

2. 荔枝一次不可食用过多，否则易引起__________。

3. 优质葡萄粒大饱满，______多______籽，甜味纯正，无________。

4. 糖制果品包括________类和________类。

5. 柠檬呈________形，两端________，表面________。

6. 柚子可生食，也可制成________、________和________。

7. 苹果的储存方法有________储存法和________储存法。

8. 火龙果果肉有雪白、玫瑰红、________、黄、________等几种颜色，有近万粒具有香味的芝麻状种子，又称“__________”。

9. 人参果又称__________、__________、__________、艳果等。

三、单项选择题

1. 下列选项中，不适合生食的是（ ）。

A. 苹果 B. 柚子 C. 橘子 D. 柠檬

2. 下列选项中，食用过多会引起低血糖的是（ ）。

A. 菠萝 B. 荔枝 C. 龙眼 D. 枇杷

3. 桂圆干是鲜（ ）经过晒干或焙制而成的。

A. 龙眼 B. 荔枝 C. 葡萄 D. 樱桃

4. 芒果的产季是（ ）季。

A. 春 B. 夏 C. 秋 D. 冬

5. 下列选项中，不适合生吃的是（ ）。

A. 板栗 B. 白果 C. 杏仁 D. 松子

6. 蜜枣是由鲜枣加（ ）熬制而成的。

A. 蜂蜜 B. 冰糖 C. 浓糖浆 D. 糖精

7. 葡萄干主要是通过（ ）制成的。

A. 晒干 B. 风干 C. 火焙 D. 压缩

8. 山楂糕适宜采用（ ）储存法储存。

A. 气调 B. 低温 C. 干燥 D. 冷藏

9. 枇杷核含有淀粉，可用于（ ）。

A. 生食 B. 酿酒

C. 制酱料 D. 制作点心馅料

10. 下列选项中，霉变后含有大量致癌物质黄曲霉毒素的是（ ）。

A. 花生 B. 柿饼 C. 莲子 D. 腰果

四、多项选择题

1. 下列选项中，鲜嫩多汁、不易储存的水果是（　　）。

A. 草莓　B. 樱桃　C. 桃子　D. 葡萄

2. 下列选项中，适合在烹调中作为甜菜的是（　　）。

A. 西瓜　B. 甜瓜　C. 哈密瓜　D. 芒果

3. 下列选项中，剥皮后易氧化变色的是（　　）。

A. 苹果　B. 香蕉　C. 梨　D. 哈密瓜

4. 下列选项中，适合制成果干的是（　　）。

A. 荔枝　B. 龙眼　C. 葡萄　D. 樱桃

5. 葡萄的品种不同，果皮颜色也有所不同，一般有（　　）等颜色。

A. 红色　B. 紫色　C. 黑色　D. 绿色

6. 杏可以采用（　　）等方法烹制成菜。

A. 拔丝　B. 烩　C. 炒　D. 炸

五、判断题

1. 优质柿饼呈扁圆形，无渣，味香甜，无核。（　　）
2. 枇杷因果实形似琵琶而得名。（　　）
3. 食用菠萝时应用盐水浸泡，以去除果肉中所含的皂苷。（　　）
4. 桃适合与其他鲜果合烹，它受热不易变形。（　　）
5. 柚子核较小，柚子肉有白色和粉红色两种颜色，汁多，味酸甜或略带苦味。（　　）
6. 哈密瓜的产地是新疆。（　　）
7. 有哈喇味儿的腰果不宜食用。（　　）
8. 瓜条是以青皮、瓜肉肥厚的鲜甜瓜为原料制成的。（　　）
9. 青红丝是以除去苦味的柚皮为原料制成的。（　　）
10. 食用核桃时，应把核桃仁的薄皮剥掉。（　　）
11. 蓝莓不能生食，可以作为装盘水果。（　　）
12. 番木瓜不仅可以作为水果直接生食，还可以作为热菜辅料。（　　）
13. 石榴只能作为水果鲜食，不可以制作果汁和清凉饮料。（　　）
14. 无花果既可鲜食，也可以制作蜜饯、果酱、果干。（　　）
15. 优质李子个头大，瓜肉肥厚，汁多，香味浓郁，味甜，无损伤。（　　）
16. 开心果在常温下可以长久储存，不会变质。（　　）

六、简答题

1. 果品在烹饪应用中有何特点?

2. 举例说明鲜果、干果、糖制果品在烹饪中的应用。

3. 有些果仁含有有毒成分，多食易中毒。试列举 2 种。

4. 果干一般适于采用哪种储存方法储存?

5. 苹果按成熟期不同可分为哪些品种? 它们各有什么特征?

6. 挑选购买新鲜水果时应注意什么事情?

7. 苹果、香蕉、荔枝这三种水果，哪一种不适合冷藏储存？为什么？

8. 新疆产的西瓜、哈密瓜、葡萄比其他地区的要甜，为什么？

9. 将西瓜放入冰箱冷冻室一段时间后会出现什么现象？为什么？

七、实训题

调查市场上各季节主销果品的来源、价格等，并写出调查报告。

第四章　畜 类 原 料

一、名词解释

1. 畜类原料

2. 毛肚

3. 火腿

4. 灌制品

5. 乳制品

二、填空题

1. 炼乳是将消毒后的乳浓缩到原来体积的 ________ ~ ________制成的。

2. 畜舌分为舌尖、________和________三部分。

3. 兔肉质地较牛肉、羊肉、猪肉细嫩，且__________含量高，__________含量低，__________高，营养丰富，故被称为“保健美容肉”。

4. 猪尾富含________，适合烧、卤、拌、清炖。

5. 红肠以________为肠衣，肠体细小，形似手指，外表呈红色，肉呈__________。

6. 优质猪肉脂肪________，肌肉组织为______色或________色，含水量适当。

7. 家畜内脏包括心、______、肝、______、肾和______等。

8. 牛羊胃构造复杂，多由________、网胃、________、________组成。

9. 隆冬所产的火腿称为__________，其皮呈________色，肉面呈________色，脂肪黏性小，骨髓呈__________色。

10. 绵羊肉质紧实，色________，肌纤维____________，脂肪呈______色，肌间脂肪少，膻味小。

11. 腊肉一般采用__________法或__________法储存。

12. 火腿一般分为小爪、蹄髈、__________、__________、油头五个部位，其中__________部位精肉最好。

三、单项选择题

1. 下列选项中，常作为肉用品种的是（　　）。

A. 黄牛　　B. 水牛　　C. 牦牛　　D. 奶牛

2. 下列选项中，肌纤维最粗的是（　　）。

A. 猪肉　　B. 牛肉　　C. 兔肉　　D. 狗肉

3. 下列选项中，烹调时宜用上浆的方法保持原料水分的是（　　）。

A. 肠　　B. 心　　C. 肝　　D. 舌

4. 畜肉的品质鉴定方法不包括（　　）鉴定。

A. 感官　　B. 营养

C. 理化　　D. 微生物和寄生虫

5. 年龄在（　　）以内的牛，肉质最佳。

A. 半岁　　B. 一岁　　C. 两岁　　D. 三岁

6. 四川内江猪和荣昌猪属于（　　）猪。

A. 华南型　　B. 高原型　　C. 华北型　　D. 西南型

7. 民间认为（　　）季“杀年猪”期间的猪肉最为肥美。

A. 春　　B. 夏　　C. 秋　　D. 冬

8. 畜肉保鲜的关键是控制有害（　　）的活动和繁殖。

A. 微生物　　B. 真菌　　C. 细胞　　D. 毒素

9. 早冬所产的火腿称为（　　）。

A. 冬火腿　　B. 春腿　　C. 早冬腿　　D. 冷腿

10. 畜肉干制品的储存方法不包括（　　）储存法。

A. 干制　　B. 低温　　C. 冷藏　　D. 真空

11. 早春所产的火腿称为（　　）。

A. 冬火腿　　B. 春腿　　C. 正冬腿　　D. 冷腿

12. 下列选项中，营养价值最高的是（　　）。

A. 常乳　　B. 末乳　　C. 初乳　　D. 异常乳

13. 下列选项中，属于人们饮用和加工乳制品所用的主要乳类的是（　　）。

A. 常乳　　B. 末乳　　C. 初乳　　D. 异常乳

14. “回锅肉”一般选用（　　）烹制。

A. 牛肉　　B. 鸡肉　　C. 猪肉　　D. 驴肉

15. 下列选项中，肉质最差的是（　　）。

A. 黄牛　　B. 牦牛　　C. 水牛　　D. 肉用牛

16. 所含各种营养成分含量趋于稳定的乳类是（　　）。

A. 常乳　　B. 末乳　　C. 初乳　　D. 异常乳

17. 下列选项中，属于灌制品的是（　　）。

A. 火腿　　B. 红肠　　C. 腊肉　　D. 腊肠

18. 下列选项中，被称为“奶中之王”的是（　　）。

A. 牛奶　　B. 马奶　　C. 羊奶　　D. 驼奶

19. 在我国，用量仅次于猪肉的肉类是（　　）。

A. 猪肉　　B. 牛肉　　C. 羊肉　　D. 兔肉

20. 下列选项中，属于穆斯林禁食肉类的是（　　）。

A. 猪肉　　B. 牛肉　　C. 羊肉　　D. 兔肉

四、多项选择题

1. 我国绵羊主要产于（　　）。

A. 四川　　B. 山东　　C. 内蒙古　　D. 新疆

2. 乳制品一般包括（　　）。

A. 酸奶　　B. 炼乳　　C. 奶油　　D. 奶粉

3. 烹饪中应用较多的畜肠是（　　）。

A. 牛肠　　B. 猪肠　　C. 鸭肠　　D. 羊肠

4. 畜肉腌腊制品一般有（　　）。

A. 火腿　　B. 红肠　　C. 腊肉　　D. 腊肠

五、判断题

1. 畜肉熏制品是利用木材完全燃烧所产生的熏烟加工而成的。（　）
2. 人类利用的动物乳主要包括牛乳、羊乳、马乳、鹿乳等。（　）
3. 猪肉的肌肉组织呈深红色，含水量丰富。（　）
4. 家畜的肾有腥臊味，可用料酒浸泡彻底除去。（　）
5. 牛奶一年四季均产，春季和夏季所产的较好。（　）
6. 优质畜肉干制品表面干燥，无霉斑，无异味，咸度适中。（　）
7. 常见家畜以一岁以内的肉质为佳。（　）
8. 瓣胃和皱胃的风味及利用价值优于瘤胃和网胃。（　）

六、简答题

1. 如何鉴定火腿的质量?

2. 畜类原料在烹饪中有哪些应用?

3. 简述新鲜猪肉的品质鉴定标准。

4. 猪可分为哪几个种类?

5. 如何区别猪肉、牛肉和羊肉?

6. 举例说明乳在烹饪中的应用。

7. 试分析猪肚、牛肚和羊肚的区别。

8. 乳及乳制品的保鲜温度为 5 ℃左右，为什么?

9. 腌腊制品在刀工处理时应注意什么问题?

七、实训题

走访农贸市场，调查在售猪肉、牛肉、羊肉各自的种类和产地，总结其品质鉴定方法。

第五章　禽类原料

一、名词解释

1. 风鸡

2. 糟蛋

3. 家禽

4. 禽副产品

5. 皮蛋

二、填空题

1. 从结构上看，禽蛋主要由________、________和________三部分构成。

2. ________时节宰杀的鸡，其肉最为肥嫩。

3. 根据用途不同，鸡可分为肉用鸡、蛋用鸡、____________鸡和____________鸡

四大类。

4. 对鸡、鸭进行初加工时，要根据不同菜肴的成菜要求对其进行__________或__________。

5. 常见禽类原料主要包括________、________、________及其制品。

6. 家禽按用途不同可分为________型、________型和________型。

7. 家畜经宰杀后在自身酶的作用下会相继发生________、________、________和腐败等现象。

8. 常用蛋制品有________蛋、________蛋和________蛋。

9. 鲜蛋的储存方法主要有冷藏法、________法、________法和________法。

三、单项选择题

1. 家禽经宰杀后在（　　）阶段的肉质最为鲜美。

A. 僵直　　B. 成熟　　C. 自溶　　D. 腐败

2. 下列选项中，最宜用来炖汤的是（　　）。

A. 老公鸡　　B. 仔鸡　　C. 老母鸡　　D. 成年鸡

3. 家禽经宰杀后在（　　）阶段开始腐败变质。

A. 僵直　　B. 成熟　　C. 自溶　　D. 腐败

4. 蛋白约占蛋总重量的（　　）。

A. 11%　　B. 70%　　C. 58%　　D. 31%

5. 一般用（　　）加工松花蛋。

A. 鸡蛋　　B. 鸭蛋　　C. 鹅蛋　　D. 鸽蛋

6. 一般（　　）前后的鸭子最为肥壮丰满。

A. 清明　　B. 端午　　C. 中秋　　D. 重阳

7. 下列选项中，原产于美洲的禽类是（　　）。

A. 鸡　　B. 鸭　　C. 鹅　　D. 火鸡

8. 下列选项中，属于北京烤鸭专用鸭的是（　　）。

A. 北京填鸭　　B. 高邮鸭　　C. 白洋淀鸭　　D. 娄门鸭

9. 全国最为有名的板鸭是（　　）板鸭。

A. 福建建瓯　　B. 江西南安　　C. 江苏南京　　D. 四川白市驿

10. 蛋用鸭的年产蛋量为（　　）枚。

A. 200 ~ 300　　B. 240 ~ 280　　C. 120 ~ 180　　D. 120

11. 按用途分，乌骨鸡属于（　　）鸡。

A. 肉用型　　B. 蛋用型　　C. 卵用型　　D. 药食兼用型

12. 下列家禽中，肉味最鲜的是（　　）。

A. 鸡　　B. 鸭　　C. 鹅　　D. 火鸡

13. 鸡的（　　）不宜食用。

A. 肫、肝　　B. 心、肾　　C. 血、油　　D. 肺及腔上囊

四、多项选择题

1. 下列选项中，属于药食兼用型鸡的是（　　）。

A. 芦花鸡　　B. 乌鸡　　C. 三黄鸡　　D. 竹丝鸡

2. 咸蛋的制作方法有（　　）。

A. 涂膜法　　B. 泥浆法　　C. 泥包法　　D. 盐水浸渍法

3. 蛋类常用品质鉴定方法有（　　）。

A. 破视发　　B. 照检法　　C. 触摸法　　D. 外观法

4. 鸡肉、鸭肉、鹅肉的储存方法包括（　　）。

A. 活养　　B. 冷藏　　C. 冷冻　　D. 干制

5. 下列选项中，符合鸡腿肉特征的是（　　）。

A. 肉厚　　B. 无皮　　C. 质较老　　D. 筋多

6. 皮蛋通常以鸭蛋为主料，以（　　）为配料制作而成。

A. 食盐　　B. 醋　　C. 石灰

D. 谷壳　　E. 茶叶

五、判断题

1. 圈养鸡肉质细嫩，但鲜香味不足。（　　）

2. 禽副产品含水量较大，质地脆嫩，可以长时间储存。（　　）

3. 端午前后的鸭最为肥壮丰满。（　　）

4. 松花蛋因胶冻状的蛋清表面有松枝状花纹而得名。（　　）

5. 火鸡为我国固有品种，个头较大，胸部很宽，成长迅速，肉肥满。（　　）

6. 中国鹅是肉用鹅的主要品种，其头上有肉瘤，体宽且长，尾短向上，发育迅速，肉质鲜美。（　　）

7. 健康的鸭子体质健壮，眼睛明亮，羽毛紧密而有光泽，精力旺盛。（　　）

8. 因鸡肉鲜美，行业中有“鸡鲜鸭香”之说，故鸡肉是吊汤的重要原料。（　　）

9. 蛋用鸭以产蛋为主，年产蛋量为 100 ~ 200 个。（　　）

10. 鲜蛋蛋黄呈球形且颜色鲜艳，系带结实且呈螺旋状。（　　）

六、简答题

1. 如何鉴定活鸡的质量?

2. 如何鉴定光禽的品质?

3. 鉴别鲜蛋的常用方法有哪些?

4. 总结禽蛋在烹饪中的作用。

5. 举例说明禽类原料在烹饪中有哪些应用。

6. 禽蛋制品有哪些？它们各有什么特点？

七、实训题

走访农贸市场，了解并记录在售禽肉和禽蛋的种类和产地。

第六章　水产品类原料

一、名词解释

1. 基围虾

2. 西施舌

3. 水产品

二、填空题

1. 由于鱼类中含有________蛋白和________蛋白，所以鱼在加水炖煮后易胶化，冷却后可形成鱼冻。

2. 氧化三甲胺是一种________物质，鱼虾死后其体内的氧化三甲胺会还原成具有腥味的__________。

3. ________、________、草鱼、________合称中国的四大家鱼。

4. 对鲤鱼初加工时应去尽________，勿破________，抽去________，除去腹腔内的黑膜。

5. 鳜鱼的__________有毒腺，人被刺后会发生肿痛，初加工时应注意。

6. 优质对虾虾身____________，有弹性，体形________，虾壳________、坚硬，虾肉紧实。

7. 优质带鱼体形________，体表________完整，肌肉有________，无伤痕，无________。

8. ________、________、________和乌贼为我国四大海产。

9. 鱿鱼鲜品以色________、肉________、________爽口者为佳。

10. ________又称海耳，是海产__________之一，素为海味之冠。

11. 扇贝肉质嫩味美，________肌发达，其干制品称为________。

12. 牡蛎、贻贝、文蛤、西施舌属于软体动物类原料中的________类原料。

13. 红鱼子用______鱼的卵加工而成，黑鱼子用______鱼的卵加工而成。

14. 螯虾似龙虾而小，又称__________、________，原产于________，后从日本移入我国。

三、单项选择题

1. 闭壳肌干制加工后又称干贝的是（　　）。

A. 贻贝　B. 扇贝　C. 文蛤　D. 蛤蜊

2. 黄姑鱼在产卵期没有酸味，其产卵期为（　　）。

A. 2 月—5 月　B. 3 月—7 月　C. 3 月—4 月　D. 5 月—6 月

3. 下列选项中，不属于海水鱼的是（　　）。

A. 鳓鱼　B. 鲆　C. 鲚　D. 鲽

4. 鲍鱼属于（　　）软体动物原料。

A. 空腔类　B. 头足类　C. 腹足类　D. 瓣鳃类

5. 下列选项中，又称“三文鱼”的是（　　）。

A. 鲥鱼　B. 白鱼　C. 鲚　D. 大麻哈鱼

6. 下列选项中，属于淡水鱼类的是（　　）。

A. 鱿鱼　B. 鲳鱼　C. 黄姑鱼　D. 鲂鱼

7. 下列选项中，鳞片富含脂肪的是（　　）。

A. 黄鳝　B. 带鱼　C. 鲥鱼　D. 鲳鱼

8. 下列选项中，目前我国淡水养殖的是（　　）。

A. 毛虾　B. 对虾　C. 白虾　D. 沼虾

四、多项选择题

1. 下列选项中，不属于鱼类的是（　　）。

A. 甲鱼　B. 鲤鱼　C. 鱿鱼　D. 鲍鱼

2. 下列选项中，属于海产品的是（　　）。

A. 中华绒螯蟹　B. 螯虾　C. 鲍鱼　D. 泥螺

3. 下列选项中，能够用来生产红鱼子和黑鱼子的是（　　）。

A. 黑鱼　B. 鳇鱼　C. 鲑鱼

D. 罗非鱼　E. 加吉鱼

4. 比目鱼类一般包括（　　）。

A. 鲷鱼　B. 鲽鱼　C. 鲆鱼

D. 鳎鱼　E. 黄鱼

五、判断题

1. 鲥鱼鳞片较薄且脂肪较多，烹调时可不去鳞。（　）

2. 所有鱼的鳞片都不可以食用。（　）

3. 鱼可以分为海水鱼、淡水鱼，也可以分为有鳞鱼、无鳞鱼。（　）

4. 淡水鱼的腥味是由氧化三甲胺引起的。（　）

5. 在烹制鱼时，可以加入醋、白酒和一些香辛料，因为这样可以获得更好的滋味，同时可以保持鱼体的完整，使之不容易破损。（　）

6. 黄姑鱼肉质紧实，呈蒜瓣状，除五、六月产卵期外，稍有酸味。（　）

7. 鱼类脂肪中不饱和脂肪酸含量高，熔点低，常温下呈液态，容易被人体吸收，但在保存时极不稳定。（　）

8. 牡蛎是高档的烹饪原料，属于爬行类水产品。（　）

9. 对虾属于淡水虾。（　）

10. 鲨鱼皮可制作鱼皮，唇部可干制成鱼唇，吻侧软骨可干制成明骨，鳍可加工成鱼翅。（　）

11. 鲍鱼味极鲜美，营养丰富，可鲜食，宜清蒸。（　）

六、简答题

1. 如何区别鳙鱼和鲢鱼?

2. 如何鉴定鱼的品质?

3. 总结水产品在烹饪中的应用。

4. 常用的虾类原料有哪些?

5. 如何去除鱼的腥味?

6. 从烹饪的角度分析总结水产品类原料的共性。

七、实训题

走访当地水产市场，找出本教材中未涉及的水产品，并分析总结其特点和烹饪用途，写出调研报告。

第七章　干货类原料

一、名词解释

1. 干货类原料

2. 干菜

3. 响皮

4. 淡菜

5. 鹿筋

6. 鱼唇

7. 鱼肚

二、填空题

1. 常见畜禽类干货原料有________、__________、________、驼峰、燕窝、牛鞭等。

2. 干货类原料可以分为__________干货原料和__________干货原料两种。

3. 海参可分为有刺参和无刺参两种，其中有刺参又包括__________、__________、灰刺参、白刺参等几种，无刺参又包括__________、__________、乌虫参、赤乌参等几种，以__________品质为最好。

4. 玉兰片分为________、________、桃片和________四种。

5. 常用食用药材包括________、________、________、贝母、苡仁、________、黄芪等几种。

6. 鱼翅是用________、________等软骨鱼的________制成的干制品。

7. 鱿鱼的干制品称为__________，呈长条形或________形。其优质品色白发亮，形状平薄，只形均匀，肉色__________，干爽而具香味。

8. 乌贼的干制品称为墨鱼干，其优质品体形______，平整干爽，肉质______，有______味。

9. 中医学认为，墨鱼干有__________的功效，所以民间多将其作为滋补食品。

三、单项选择题

1. 我国人参的主要产地是（　　）地区。

A. 东北　　B. 华北　　C. 西北　　D. 西南

2. 下列选项中，不可用其脊髓做鱼信的是（　　）。

A. 鲨鱼　　B. 黄鱼　　C. 鲟鱼　　D. 鳇鱼

3. 我国（　　）所产的海蜇干质量最好。

A. 浙江、福建　　B. 山东　　C. 天津　　D. 旅顺

4. 墨鱼干是指（　　）的干制品。

A. 鱿鱼　　B. 乌贼　　C. 柔鱼　　D. 章鱼

5. 乌鱼蛋是（　　）卵的干制品。

A. 乌贼　　B. 章鱼　　C. 鱿鱼　　D. 鲍鱼

6. 下列鱼翅中，质量最好的是（　　）。

A. 背翅　　B. 胸翅　　C. 臀翅、腹翅　　D. 尾翅

7. 下列鱼肚中，质量最好的是（　　）。

A. 毛常肚　　B. 大黄鱼肚　　C. 鳗鱼肚　　D. 鮸鱼肚

8. 下列鱼肚中，（　　）的质量最差。

A. 鲟鳇肚　　B. 鳗鱼肚　　C. 黄鱼肚　　D. 黄唇肚

9. 裙边属于（　　）干货原料。

A. 动物性　　B. 植物性　　C. 食用菌类　　D. 食用藻类

10. 下列鱼翅中，（　　）的质量最好。

A. 黄翅　　B. 青翅　　C. 灰翅　　D. 黑翅

11. 与木耳、香菇、冬笋并称为“四大素山珍”的是（　　）。

A. 口蘑　　B. 黄花菜　　C. 贡菜　　D. 竹荪

12. 下列燕窝中，质量最差的是（　　）。

A. 血燕　　B. 白燕　　C. 毛燕　　D. 官燕

13. 日月贝的闭壳肌干制后称为（　　）。

A. 江珧柱　　B. 带子　　C. 海蚌柱　　D. 干贝

14. 蚝豉是将（　　）煮熟取肉晒干或直接取肉晒干而成。

A. 文蛤　　B. 毛蚶　　C. 贻贝　　D. 牡蛎

15. 虾米又称（　　）。

A. 虾仁　　B. 干虾　　C. 金钩　　D. 虾皮

16. 制作淡菜的原料是（　　）。

A. 蛤蛏　　B. 毛蚶　　C. 贻贝　　D. 海笋

17. 下列选项中，属于蟹的生殖腺部位的是（　　）。

A. 蟹黄　　B. 蟹肉　　C. 参花　　D. 脂膏

四、多项选择题

1. 干贝是用（　　）等贝类的闭壳肌加工而成的干制品。

A. 牡蛎　　B. 扇贝　　C. 日月贝

D. 江珧　　E. 蛤蜊

2. 鱿鱼干的质量可从（　　）等几个方面进行鉴定。

A. 大小　　B. 色泽　　C. 含水量

D. 粉霜　　E. 脆嫩度

3. 玉兰片根据加工和采收时间不同，可分为（　　　）。

A. 尖片　　B. 梅片　　C. 桃片

D. 春片　　E. 冬片

4. 下列选项中，属于烹调中需要赋味的无显味原料有（　　　）。

A. 干贝　　B. 火腿　　C. 鱼肚

D. 海参　　E. 蹄筋

五、判断题

1. 蟹粉为用蟹肉的干制品磨成的粉。（　　）
2. 蚝油、酱油、虾油均为滋味鲜美的咸味调味料。（　　）
3. 乌贼的干制品称为墨鱼干。（　　）
4. 驼峰本身无味，必须使用老母鸡、火腿、干贝等鲜味原料一起烹调。（　　）
5. 品质最好的海参是灰刺参。（　　）
6. 白燕也称官燕，为金丝燕孵卵前筑的巢。它色白，质厚，毛少，质量最佳。（　　）
7. 鱼唇用鲨鱼、鲟鱼、鳐鱼等鱼类唇部周围的软肉及骨组织加工而成。（　　）
8. 制作鱼翅需要选用硬骨鱼类。（　　）
9. 海参供食用的部位主要是头部。（　　）

六、简答题

1. 干货类原料有什么共同特点?

2. 衡量鱼翅质量的标准是什么?

3. 干菜的特点是什么？包括哪些品种？

4. 虫草的药用功效有哪些？

5. “四大素山珍”指哪四种原料？他们各有什么烹饪用途？

6. 墨鱼干、鱿鱼干在形态上的区别有哪些？它们在烹饪应用中各有什么特点？

7. 海参在烹饪应用中的特点是什么？

8. 海蜇在烹饪应用中的特点是什么？

9. 鱼翅、鱼骨、鱼唇等鱼类制品的共同特点是什么?

七、实训题

走访当地农贸市场，考察各种干货原料的价格、品质，然后写出调查报告。

第八章　调辅料类原料

一、名词解释

1. 调味料

2. 调香料

3. 调质料

4. 食用油脂

5. 调色料

二、填空题

1. 调质料分为膨松剂、__________、__________和__________四类。

2. 凝固剂通常是指促进食物中__________凝固的添加剂，一般用于__________的制作加工，如硫酸钙。

3. 食用油脂是指供人类食用的以__________为主，并含有其他成分的混合物。习惯上将常温下呈________的称为油，呈________的称为脂。

4. 大豆油按压榨工艺不同可分为冷压大豆油和热压大豆油。冷压大豆油色泽________，生豆味淡，出油率______；热压大豆油出油率______，色泽________，生豆味浓。

5. 调料可分为__________、__________、__________和调色料四类。

三、单项选择题

1. 碳酸钠（纯碱）属于（　　）。

A. 膨松剂　B. 凝固剂　C. 增稠剂　D. 致嫩剂

2. 硫酸钙属于（　　）。

A. 膨松剂　B. 凝固剂　C. 增稠剂　D. 致嫩剂

3. 碳酸氢铵属于（　　）。

A. 膨松剂　B. 凝固剂　C. 增稠剂　D. 致嫩剂

4. 木瓜蛋白酶属于（　　）。

A. 膨松剂　B. 凝固剂　C. 增稠剂　D. 致嫩剂

5. 下列表述中错误的是（　　）。

A. 纯净油脂的烟点较高

B. 油脂中含的杂质越多，酸败程度越严重，则烟点下降的幅度越大

C. 植物油脂的烟点低于动物油脂

D. 使用时间短的油脂烟点高于使用时间长的油脂

6. 从卫生方面考虑，储存油脂最好使用（　　）容器。

A. 金属　B. 玻璃　C. 塑料　D. 陶瓷

7. 下列选项中，属于苦香料的是（　　）。

A. 陈皮　B. 桂皮　C. 八角　D. 香叶

8. 我国规定，出售的食盐中必须添加的矿物质是（　　）。

A. 碘　B. 碘化钾　C. 溴化钾　D. 海藻

9. 下列选项中，属于发色剂的是（　　）。

A. 核黄素　B. 黄樟素　C. 氯丙醇　D. 亚硝酸钠

10. 香叶属于（　　）调味料。

A. 酒香　B. 酸香味　C. 芳香　D. 苦香

11. 用于制作蚝油的基本原料是（　　）。

A. 蛏子　B. 贻贝　C. 扇贝　D. 牡蛎

12. 醋是常用的酸味调料，其酸味主要来自（　　）。

A. 醋酸　B. 碳酸　C. 草酸　D. 乙酸

13. 下列选项中，（　　）不耐高温，易于挥发，因此在烹调时应注意投放时间。

A. 酱油　B. 醋　C. 香油　D. 蚝油

14. 小茴香的成熟时间为每年（　　）。

A. 7月—9月　B. 3月—4月　C. 2月—5月　D. 9月—10月

15. 下列淀粉中，（　　）淀粉颜色洁白，粉质细腻，无异味，无杂质，黏性大，膨胀性好，是淀粉中的上品。

A. 豌豆　B. 绿豆　C. 土豆　D. 小麦

16. 不能通过（　　）鉴定食用油脂的品质。

A. 透明度　B. 气味　C. 滋味　D. 形状

17. 荜拨属于（　　）料。

A. 酒香　B. 酸香　C. 芳香　D. 苦香

18. 焦糖色属于（　　）。

A. 甜味剂　B. 调色剂　C. 调香料　D. 发色剂

19. 白芷属于（　　）料。

A. 酒香　B. 酸香　C. 芳香　D. 苦香

20. 蚝油属于（　　）调味料。

A. 鲜味　B. 咸味　C. 酱香味　D. 甜味

21. 下列选项中，属于苦味调味料的是（　　）。

A. 孜然　B. 丁香　C. 八角　D. 草果

22. 下列选项中，不属于辣味调味料的是（　　）。

A. 芥末　B. 胡椒　C. 花椒　D. 泡辣椒

23. 下列选项中，不属于香味调味料的是（　　）。

A. 黄酒　B. 花椒　C. 陈皮　D. 香糟

24. 下列选项中，属于酒香料的是（　　）。

A. 黄酒　B. 桂皮　C. 草果　D. 花椒

25. 香糟属于（　　）料。

A. 酒香　B. 酸香　C. 芳香　D. 苦香

26. 用来调制酱香味的主要调味料是（　　）。

A. 酱油　B. 甜酱　C. 豆豉　D. 食糖

27. 在制作挂霜、拔丝类菜肴时多选用（　　）。

A. 食糖　B. 饴糖　C. 蜂蜜　D. 糖精

28. 用来调制热菜酸辣味的辣味调味料是（　　）。

A. 干辣椒　B. 胡椒　C. 泡辣椒　D. 辣椒面

29. 制作酥皮点心时通常选用的油脂是（　　）。

A. 花生油　B. 菜籽油　C. 猪油　D. 芝麻油

四、多项选择题

1. 使普通酱油具有鲜美滋味的物质是植物蛋白水解而成的（　　）。

A. 脂肪酸　B. 糖类　C. 氨基酸　D. 乙酸

2. 在大蒜中能够呈辛辣味的物质是（　　）。

A. 二氢辣椒素　B. 硫化氢　C. 辣椒素　D. 硫醇类化合物

3. 食用油脂在烹饪中有（　　）的作用。

A. 保温　B. 增色　C. 增香　D. 改善原料质感

4. 下列选项中，有咸味的调味料是（　　）。

A. 盐　B. 酱油　C. 甜酱　D. 豆豉

5. 选择淀粉时要考虑其（　　）。

A. 色泽　B. 膨胀性　C. 粉质　D. 气味

6. 能够用于加工纯正色拉油的油脂是（　　）。

A. 花生油　B. 菜籽油　C. 黄油　D. 大豆油

7. 储存食用油脂时，适合采取的方法包括（　　）。

A. 控制食用油脂的水分　B. 避免与空气长时间接触

C. 避免高温　D. 储存在阴暗的角落

8. 下列选项中，属于生物膨松剂的是（　　）。

A. 臭粉　B. 小苏打　C. 酵母菌　D. 老面

9. 食用油脂按来源不同，可分为（　　）。

A. 植物性油脂　B. 动物性油脂　C. 人造奶油

D. 改性油脂　E. 色拉油

10. 食用色素按其来源和性质不同，可分为（　　）。

A. 天然食用色素　B. 植物色素

C. 人工合成食用色素　D. 动物色素

E. 微生物色素

11. 下列选项中，（　　）为天然食用色素。

A. 苋菜红　B. 红曲色素　C. 柠檬黄

D. 紫胶虫色素　E. 姜黄

12. 调香料通常分为（　　）等几类，可为菜肴提供独特的风味。

A. 辣香料　B. 酸香料　C. 芳香料

D. 苦香料　E. 酒香料

13. 柠檬酸在烹调中起（　　）等作用。

A. 增色　B. 保色　C. 增酸

D. 增苦　E. 增香

14. 调香料包括（　）等几类。

A. 辣香料　B. 酸香料　C. 芳香料

D. 苦香料　E. 酒香料

15. 酱油除为菜肴确定咸味外，还有（　　）等作用。

A. 增鲜　B. 增香　C. 增色

D. 增酸　E. 增甜

16. 发酵性咸味调味料有（　　）等几种。

A. 食盐　B. 食醋　C. 酱油

D. 豆豉　E. 面酱

17. 人工合成食用色素的优点是（　　）。

A. 稳定性好　B. 安全性好　C. 色泽自然

D. 着色力强　E. 可调色

五、判断题

1. 碱性膨松剂只有使面团醒发的作用。（　）

2. 木瓜蛋白酶是嫩肉剂的主要成分。（　）

3. 合成醋不仅具有柔和的酸味，而且气味芳香。（　）

4. 高汤鲜味浓厚、回味悠长是因为味精放得多。（　）

5. 辣椒作为调味料使用时只有提辣味的作用。（　）

六、简答题

1. 食用油脂在烹饪中有何作用?

2. 举例说明水在烹饪中的应用。

3. 调味料在烹饪中有何用途?

4. 食盐在烹饪中有何用途?

5. 天然食用色素和人工合成食用色素各有什么优缺点?

6. 凝固剂在烹饪中有何作用?

7. 使用味精时应注意哪些问题?

8. 料酒在烹饪中有何用途?

9. 香辛料的使用原则是什么?

七、实训题

走访当地农贸市场，考察各种调味料的价格、品质，然后写出调查报告。